SITUATION

DE

L'AGRICULTURE

PARIS
IMPRIMERIE DE L. TINTERLIN ET Cᵉ.
RUE NEUVE-DES-BONS-ENFANTS, 3.

1860

SITUATION

DE

L'AGRICULTURE

SITUATION

DE

L'AGRICULTURE

PARIS
IMPRIMERIE DE L. TINTERLIN ET Cᵉ.
RUE NEUVE-DES-BONS-ENFANTS, 3
1860

SITUATION

DE

L'AGRICULTURE

J'ai pensé qu'étant un de ceux qui ont le plus souffert des inondations de 1856, il me serait permis d'en raviver le souvenir; alors on nous promettait d'employer toutes les ressources de la science pour empêcher le retour de ces terribles catastrophes.

Je me propose aussi de prouver que l'on est très-exigeant pour tous les agriculteurs, dont les bénéfices sont toujours si restreints, si casuels.

Les propriétaires et cultivateurs des terres inondables sont incomparablement les plus maltraités.

Le pays qui est sillonné par des courants d'eau est certainement très-favorisé par la Providence; en sachant les maîtriser, les utiliser, il doit donner des produits abondants.

Les Maures ont prouvé en Espagne, qu'avec des irrigations bien conduites on obtenait d'incomparables récoltes. On m'a assuré sur place, que dans l'ancien royaume de Valence l'hectare y était loué de 2 à 4,000 fr.; tous les locataires paraissent satisfaits de leur position.

Ces irrigations sont parfaitement organisées; elles arrivent toujours à l'heure indiquée sur les terres qu'elles doivent arroser.

Nous n'avons pas su, ou plutôt nous n'avons pas encore songé à profiter de ces merveilleux enseignements.

Sans pouvoir obtenir en France de tels résultats, le midi de l'Espagne étant plus favorisé que notre pays par le climat, de pareils travaux enrichiraient cependant toutes les contrées où on les aurait entrepris.

Il a été généralement reconnu par Messieurs les ingénieurs qu'en construisant des barrages aux sources de tous nos courants d'eau, on parviendrait à les ralentir, les retarder plus ou moins longtemps pendant les grandes pluies et les fontes de neige, c'est déjà à peu près préserver les terres inondables des débordements. Cela fait, s'il restait des vallées, des plaines qui ne fussent pas à l'abri de ce fleau, il conviendrait de creuser, pour soulager davantage nos rivières, des canaux de dérivation : on pourrait les utiliser pour le commerce. Ces canaux serviraient aussi, conjointement avec les barrages, à irriguer une grande partie de notre sol. On parviendrait ainsi à diriger nos rapides torrents aussi sûrement qu'un habile cavalier guide son cheval le plus fougueux avec un frein puissant et bien posé. Comme complément de sécurité, il serait encore avantageux de reboiser avec soin et intelligence principalement nos montagnes.

Ces plantations paieraient beaucoup plus que leurs frais ; elles donneraient un produit d'autant plus assuré, que les propriétaires des forêts et taillis s'empressent maintenant de les défricher, même lorsqu'ils sont plantés sur de mauvaises terres.

Cette spéculation de défrichement ne peut cependant pas être profitable à ceux qui l'entreprennent : jamais la culture faite dans de telles conditions ne donnera un revenu aussi certain que les coupes réglées de bois.

D'ici à quelques années on manquera d'arbres propres à construire des maisons, des bâtiments de guerre et de commerce. Il est à remarquer que le territoire d'un pays qui est totalement déboissé se dessèche, s'amoindri.

Lorsque toutes ces entreprises seraient exécutées, le sol le plus bas, destiné naturellement à faire des prés, ne craindrait plus d'être maré, on pourrait même souvent en cultiver une partie. Avec des irrigations bien conditionnées, le cultivateur n'aurait plus à redouter ces fatales sécheresses qui calcinent presque annuellement tous ses produits. Ces améliorations seraient bien autrement lucratives que celles qu'on s'efforce de faire sur des terres arides pour les rendre cultivables. De tel essais sont ruineux et n'ont point d'avenir.

En plantant des pins dans des landes très-stériles, en y mêlant, lorsqu'elles le sont un peu moins, d'autres essences d'arbres plus délicats, mais plus productifs, on fait au contraire un bon placement de fonds. Chaque terrain a sa production normale ; il est possible de faire pousser sur celui qui est de mauvaise qualité des récoltes médiocres de céréales, de foins artificiels ou naturels, mais le prix de revient dépasse toujours leurs valeurs. Il a été calculé que, tous frais déduits, c'étaient les fermes qui payaient le plus d'impôts, et dont le prix de location et de la main d'œuvre étaient le plus élevé, qui pouvaient donner du blé au meilleur compte. Il y a des contrées où l'hectolitre de seigle revient à 25 et 30 fr. ; dans celles qui sont bonnes, la même mesure en froment coûte au cultivateur de 12 fr. 80 cent. à 15, 16 ou 17 fr. Lorsqu'on parvient à améliorer véritablement avec avantage une propriété territoriale réputée pour être ingrate, c'est qu'elle ne l'était réellement pas. Ces cas sont rares, le drainage ne peut changer, même en le rendant perméable, la nature d'un sol et sous-sol.

Les fermiers qui n'ont que de riches terres à ensemencer sont considérés comme les oisifs et les privilégiés du métier.

Assurer les récoltes d'un hectare de première classe, c'est donc mieux faire que d'essayer d'en améliorer un beaucoup plus grand nombre de qualité inférieure.

Comment les trop zélés détracteurs des travaux à entreprendre, pour garantir toutes les immenses plaines inondables, qui d'ordinaire sont naturellement si fertiles, peuvent-ils dire que leurs produits sont insignifiants, qu'il n'y a pas à s'en occuper. C'est le contraire qui est la vérité; elles forment un vingtième de notre sol arable, on peut évaluer ce vingtième, en tenant compte de leur fécondité, à un quinzième.

J'ai vu, lors de la dernière inondation, en 1856, perdre sur une seule ferme pour cent mille francs de grains. Qu'on calcule combien il y a eu pendant ces malheureuses journées de larges et longues plaines et de vallées, dont toutes les récoltes ont été ainsi détruites ; on trouvera que la quantité de blé enlevée à la consommation est effrayante et non insignifiante.

Ne dites pas non plus que les cultivateurs de ces terres d'alluvion sont dédommagées l'année suivante de leurs pertes par les épaisses couches de limon que déposent les inondations.

Ces engrais fertilisent effectivement quelquefois leurs terrains, mais souvent aussi ils en ont une partie qui alors est ensablée et reste toujours impropre à la culture.

Les dépôts d'ailleurs proviennent des vallées, des plaines, sur lesquelles de redoutables courants d'eau roulent avec fracas, et creusent et bouleversent tous les bords de nos rivières.

Lorsque les couches de terreau s'accumulent assez pour former des îles, des presqu'îles, si les formations n'atteignent pas de suite une grande élévation au-dessus du niveau d'un fleuve navigable, l'état s'en empare : on préfère lui laisser ces terrains plutôt que d'engager contre un aussi fort parti de coûteux procès.

Nos adversaires, MM. les employés du gouvernement, qui n'ont rien à risquer, l'administration soldant pour ce qui la concerne tous les frais du procès, se hâtent, soit qu'ils croient ainsi remplir un devoir ou se faire bien noter par leurs supérieurs, de le poursuivre devant toutes les juridictions. Lors même que ces formations ne proviendraient pas toujours du sol qu'elles joignent ou dont elles sont très-rapprochées, elles devraient plutôt appartenir au propriétaire du terrain qui en est le plus près qu'au gouvernement ; je conçois que l'état ait le droit de surveiller ces formations, qu'on ne doit pas chercher à étendre sans sa permission, mais en se les appropiant, ne rappelle-t-il pas un peu trop l'histoire de l'huître et des plaideurs.

Quoiqu'ayant en horreur les procès (je n'en avais encore jamais soutenu) je me suis un jour résolûment décidé à défendre la possession d'une petite parcelle de terre d'alluvion qui joignait ma propriété ; j'y étais d'ailleurs presque forcé, mon fermier venant comme son prédécesseur d'y faire une coupe de bois. Je gagnai mon procès devant M. le juge de paix ; j'avais affaire à un employé jeune, je crois, plein de zèle, il s'empressa de porter ma cause au chef-lieu de l'arrondissement; on me choisit, pendant mon absence, un avocat fort honorable, j'en suis persuadé, mais qui, m'a-t-on dit depuis, était celui des domaines; s'il en était ainsi, il pouvait avoir l'embarras de sauvegarder mes intérêts et ceux de l'État.

Le courage, je l'avoue à ma honte, me manqua au moment où j'avais à soutenir ce grand assaut; je priai mon défenseur d'arranger le différend à l'amiable, et c'est ce qu'il fit avec le plus grand succès; l'administration du domaine s'empara du terrain, et j'eus la satisfaction de lui donner, conjointement avec mon avocat, 180 à 200 fr. L'objet en litige n'avait pas cette valeur.

Je ne conseillerai à personne d'être toujours aussi pacifique, car on risque fort ainsi de se faire souvent exploiter par des voisins habiles qui mésusent de votre débonnaireté, du désir que vous avez de vivre tranquille.

Tous les gouvernements sont loin, sans doute, d'encourager leurs employés à nourrir longtemps et grassement de bons petits procès; cela étant, il me semble que tous les chefs des administrations de l'État devraient s'empresser d'arranger à l'amiable, par arbitrage, les difficultés qui s'élèvent entre eux et les particuliers, ils donneraient ainsi un fort bon exemple à tous ceux qui ont la malheureuse passion de la chicane.

Les propriétés inondables sont celles qui ont le plus de charges à supporter; ne serait-il pas juste qu'autant que possible il en fût autrement. Quelquefois les riverains de fleuves où on ne navigue jamais ou très-rarement doivent laisser sans culture, sans plantations sur toute la longueur de leurs biens, un chemin dit de halage, de huit mètres en largeur, et il y a un assez grand nombre de localités qui sont dans ce cas. Je citerai celle de Noier (*Loir-et-Cher*), à Vierzon : sur une partie du parcours, qui est de 56 à 58 kilomètres, il ne passe pas un seul bateau ; sur l'autre, de Noier à Selles, il n'y en a qu'un, qui fait de deux à trois voyages par an, avec moitié charge ; on ne le remorque qu'excessivement rarement ; presque toujours son patron attend le vent favorable pour naviguer ; il lui serait d'ailleurs plus commode de suivre le canal du Berry qui longe le Cher, sans s'en écarter, jusqu'à Vierzon.

Ce chemin de halage est fréquenté par des pêcheurs, des maraudeurs, qui s'introduisent malgré vous sur votre propriété et y laissent de fâcheuses traces de leur passage. Si ces rives du Cher pouvaient être plantées, elles donneraient tous les trente ans de très-grands produits.

Des fermiers qui avaient besoin de faire traverser le canal du Berry à une quantité considérable de marne, ont été obligés de payer de forts droits pour en obtenir la permission ; l'intention du gouvernement est cependant d'encourager ces améliorations qui, au total, finissent par lui être avantageuses.

Ces encouragements leur étaient d'autant plus dus, que le canal du Berry, en resserrant le Cher, a augmenté, dans beaucoup de localités la force des débordements.

Les propriétaires riverains n'ont pas même la faculté de pêcher sur les fleuves qui sont déclarés, souvent à tort, navigables et leur occasionnent de si cruelles pertes : nous ne sommes pas gâtés.

Les mêmes personnes qui ont déclaré que nos terres n'avaient pas beaucoup d'importance prétendent qu'elles sont assez fertiles pour laisser à leurs locataires la facilité de les garantir contre les inondations ; ce sont là les consolations qu'elles daignent donner à tant de malheureux qui, périodiquement, perdent souvent tout ce qu'ils possèdent ; on ajoute il est vrai, à ces tristes et dures paroles, que si les fermiers ne peuvent pas solder ces travaux, leurs propriétaires sauront bien trouver de l'argent pour les entreprendre.

Ils sont en effet si riches les possesseurs de biens inondables, qui ayant à supporter la plus grande partie des pertes que leur font éprouver les débordements des courants d'eau, ont encore à subir tant d'autres charges.

Beaucoup de propriétaires de terres sont forcés de les vendre pour donner de l'éducation, des dots à leurs enfants. Les emprunts sur hypothèques ou sur billets souscrits dépassent en moyenne la moitié de la valeur des propriétés foncières ; ceux à qui il a été possible de les conserver nettes de toute dette, en obtiennent, déduction faite des impôts, des réparations, des assurances, des pertes par sinistres ou imprévues, au plus de 2 à 2 1/2 pour cent.

Les propriétaires de biens territoriaux ne commencent à être payés de leurs fermages qu'un an et demi après la première entrée en jouissance des cultivateurs ; c'est donc une mise de fonds, qui pendant tout ce temps ne leur rapporte aucun intérêt ; ils se considèrent comme très-heureux lorsqu'ils n'ont pas beaucoup d'autres avances à faire, d'autres retards à supporter. Ils ont à solder toutes les impositions qui, sous des dénominations si variées, sont inscrites sur les registres des percepteurs. Ils paient l'impôt direct, indirect, personnel, celui des portes et fenêtres, des patentes, s'ils font quelque petit commerce ; les droits de mutations. qui se montent, l'honoraire du notaire compris, à huit, dix et onze pour cent ; ceux établis sur les héritages sont presque aussi considérables.

Ils soldent les appointements du garde-champêtre, qui presque toujours ne garde rien ; une partie de ceux du commissaire de canton, de l'instituteur, de l'institutrice. Les communes les plus pauvres ont été forcées d'acheter les maisons d'écoles, la municipalité, sauf le petit secours donné par l'État. Ce sont encore les communes rurales qui font les routes départementales, les chemins vicinaux qu'ils entretiennent, ainsi que l'église, le presbytère. Elles contribuent aux embellissements des chefs-lieux de canton, d'arrondissement et même de celui du département ; lorsque le presbytère ou l'église ne sont pas de grandeur convenable, on les oblige à les faire reconstruire ; le Gouvernement, dans ce cas, paie alors au plus quelquefois le quart de ces dépenses. En définitive, toutes ces charges retombent à peu près entièrement sur les possesseurs du sol ; l'État autrefois en soldait la plus grande part.

Il est impossible, lorsqu'on n'a pas habité la campagne, de se figurer combien l'imposition des centimes additionnels est lourde à supporter ; ce second budget est très-élastique. Il a une tension à devenir démesurément progressif, si on n'y met ordre ; la vis d'Archimède n'aspire pas plus promptement l'eau qu'elle retire d'un bas-fond que les votes répétés de ces centimes additionnels n'épuisent les très-restreintes ressources des communes. Depuis qu'on a vendu presque tous les biens qu'elles possédaient, leurs dettes se sont beaucoup augmentées et augmentent annuellement.

Quand un propriétaire est forcé de se procurer des fonds, et il y en a toujours un grand nombre qui se trouvent dans cette fâcheuse position, il ne peut en emprunter sur sa terre, lorsqu'elle est hypothéquée pour moitié de sa valeur. Sur première hypothèque, il ne s'en procurera qu'à six et demi ou sept pour cent, les droits de notaire et d'enregistrement soldés. Un emprunt à cinq est déjà trop onéreux pour sa position; les fermiers qui n'ont pas de biens sont obligés de s'adresser à des usuriers pour avoir l'argent dont ils ont besoin. Ces malheureux ne retardent ainsi que très-peu leurs pertes ; les bénéfices que peuvent donner leurs fermes n'étant pas assez considérables pour payer, en outre des frais ordinaires, les intérêts des sommes empruntées à un taux très-élevé. Comme la plupart des cultivateurs sont gênés, ils ne peuvent saisir le moment où il y aurait avantage à vendre leurs produits ; la misère les empêche de profiter des hausses passagères de grains qui enrichissent les blatiers.

Cette misère contribue encore à augmenter les écarts des prix du blé; lorsqu'il se vend plus cher que d'habitude, les agriculteurs s'empressent d'en ensemencer dans presque tous leurs assolements, qui sont ainsi d'autant plus promptement épuisés que pendant la longue série de récoltes non rémunératrices ils ont été fort négligés.

La terre est, dit-on, une bonne mère qui nourrit ceux qui la soignent convenablement; j'en conviens, mais elle ne donne à ses enfants qu'à la condition qu'ils n'abuseront pas de sa bonté; elle est moins que généreuse pour les laboureurs qui ne peuvent subvenir à ses exigences. Comme la grande majorité des possesseurs du sol est très-endettée, les baux ne sont faits d'ordinaire qu'à courtes échéances; ils se réservent ainsi la faculté de vendre plus facilement leurs propriétés; les acquéreurs tenant à pouvoir disposer de suite, comme ils l'entendent, de ce qu'ils ont acheté, un cultivateur ne peut faire des améliorations, même les plus nécessaires à sa ferme, avec une location de trois, six ou neuf années.

La plupart des propriétaires, pressés de liquider leurs dettes ou sentant le besoin d'augmenter leurs revenus, cherchent à vendre en détail des biens qui rapportent si peu ; les terres se divisent ainsi démesurément, ce qui, sauf quelques exceptions locales, est fort désavantageux à la culture, à la propagation des bestiaux, sans lesquels on ne peut faire de bonnes récoltes.

Je me souviens d'avoir lu dans un grand journal, jadis des plus démocratique, et qui, par conséquent, se disait progressif : La division des propriétés est une bonne chose, en ce qu'elle prouve que nous vivons dans un temps de liberté ; mais ce morcellement ne sera bon qu'autant que la France pourra rester ainsi cultivable.

A cet article, je crois devoir en ajouter un autre beaucoup plus récent et tiré de *la Presse.* Il faut, dit ce journal, nous plaindre de voir le sol se diviser à l'infini ; le morcellement réduit un pays à l'état de culture jardinière, la bêche tend alors à se substituer à la charrue ; il est donc un obstacle à la grande culture, la plus économique de toutes, parce qu'elle peut employer les grandes machines qui réduisent considérablement la main-d'œuvre ; un pareil état de choses doit encore perpétuer la sorte de servage où se trouvent les petits cultivateurs, qu'un travail excessif condamne à la glèbe, les empêchant de développer leur intelligence. La multiplication du bétail réclame de vastes parcours, des pâturages ; le morcellement de la Limagne a bien mis en évidence cette vérité. En 1789, la Limagne était couverte de prairies, la race ferandaine y existait. Vers 1808, les défrichements de pâturages commencèrent ; à mesure que les défrichements s'exécutèrent, le pays devint moins humide. On divisa les grandes propriétés; il se forma une nouvelle classe de petits cultivateurs, vivant sur leurs patrimoines ou prenant à ferme des parcelles que les grands tenanciers leur abandonnaient. Cette transformation a fait disparaître l'élevage du bétail, jadis pratiqué en grand. Lorsqu'un pays est fertile, le morcellement n'a pas autant d'inconvénients que dans les contrées moins favorisées. Toutefois, M. Valsener, l'écrivain de *la Presse,* eut pu en joindre beaucoup d'autres à ceux qu'il a désignés. Chaque petit propriétaire ne peut avoir qu'une vache ou deux, et il lui faut une personne pour les garder avec le plus grand soin dans le morceau de terrain où elles pâturent; on perd aussi beaucoup de temps et de fumier en faisant paître ces animaux sur les quelques petites parcelles de terre qui appartiennent à la même personne, et qui, le plus souvent, sont éloignées les unes des autres. Les grains poussent d'ordinaire avec moins d'abondance dans un sol bêché que dans celui qui a reçu de bons labours.

Comme il y a beaucoup plus de terres de médiocres qualités que de bonnes, presque tous les nombreux possesseurs de celles qui sont morcelées, étant pauvres, mésusent de leurs biens; ils ne peuvent les fumer convenablement, et, par suite, n'en retirent que des récoltes encore plus mauvaises qu'elles ne le seraient si ces terrains étaient mieux cultivés; ce sont surtout ceux de ces petits cultivateurs qui sont hypothéquées; ils vivent très-misérablement, tandis que s'ils avaient employé l'argent dépensé en achats de morceaux de terrains à se monter dans une ferme d'une étendue convenable, ils eussent été moins malheureux, et auraient donné de l'occupation à des ouvriers. M. Valsener constate que la bourgeoisie du Puy-de-Dôme n'aura bientôt plus de propriétés territoriales; sur 795,836 hectares, il y a 2,392,869 parcelles pour 600,000 habitants; très-certainement ce morcellement, comme ailleurs, augmentera encore.

Un grand nombre de ces propriétaires sont contraints de revendre leurs petits morceaux de terre ou du moins une partie; les enfants de ceux à qui il a été possible de conserver un peu de bien s'empressent, à la mort de leurs parents, de se le partager. Il y a quatorze propriétés qui sont morcelées contre une qui se forme; dans cinquante ans, la France, si on n'y apporte pas remède, sera divisée en cases de damier. Sur onze millions de propriétaires, il s'en trouve trois millions qui sont trop pauvres pour pouvoir solder leurs impôts.

La position des cultivateurs est assez peu enviable. On trouve cependant très-naturel qu'ils paient beaucoup d'impôts, qu'ils soient presque annuellement contraints d'augmenter les gages des domestiques, les journées des ouvriers, qu'ils livrent le blé à un prix qui souvent n'est pas rémunérateur : les terres devraient encore être plus délaissées qu'elles ne le sont.

La vie des agriculteurs est une lutte perpétuelle; pour savoir ce qu'ils ont à souffrir il ne faut avoir vécu au milieu d'eux que pendant quelques années. On ne peut disconvenir qu'ils ne rendent d'importants services. Ce sont eux qui fournissent aux fabricants, aux industriels, les matières qui leur sont les plus nécessaires; ils nourrissent les riches et les pauvres, c'est bien le moins qu'ils puissent se nourrir eux-mêmes.

En temps difficile, le commerce étant peu productif, ce sont les propriétaires de biens fonciers, les cultivateurs qui paient la presque totalité des emprunts forcés, les impôts extraordinaires; ne serait-il pas équitable de les ménager pendant les époques de tranquillité, afin de les mettre en position, autant que possible, de pouvoir supporter ces charges exceptionnelles.

Toutes les nombreuses et doctes assemblées agricoles, toutes les fermes modèles, qu'on s'empresse, avec un zèle très-certainement des plus louables de multiplier, montrent aux cultivateurs la voie difficile à suivre de la prospérité; on ne se contente cependant pas ordinairement de ne donner que des conseils à quelqu'un qui est très-souffrant, qui a besoin d'aide.

Les expositions de l'industrie agricole me font un peu l'effet de ces villages cartonnés, que le favori de Catherine II de Russie faisait miroiter aux yeux de sa puissante souveraine dans le voisinage des routes qu'elle devait parcourir.

Ces superbes animaux, qui posent à regret devant le public, procurent presque toujours beaucoup moins de profit que d'honneur à ceux qui les ont élevés.

Les échantillons brillants de la production agricole, groupés si artistement sur des casiers parfaitement ornés, représentent rarement la situation réelle de l'agriculture.

On y admire beaucoup des machines qui souvent sont loin d'être d'une utilité aussi pratique que l'indiquent les programmes de leurs inventeurs.

C'est surtout de l'agriculture que, carrément, il peut être dit qu'il y a beaucoup à faire. En 1856, le Gouvernement paraissait bien décidé à entreprendre les travaux qui mettraient fin aux inondations, mais on lui pèse précisément tout ce qui peut devenir utile aux cultivateurs.

Ils demandent au Gouvernement qu'il garantisse leurs terres contre tous les débordements des rivières, parce-que lui seul peut donner à cette entreprise l'unité et la force, sans lesquelles il est impossible d'assurer son succès.

Il y a beaucoup de personnes, dont l'opinion à une grande valeur, qui craignent qu'en augmentant trop l'action du Gouvernement, en le chargeant de diriger tous nos principaux travaux, on ne le pousse dans la voie du monopole ; elles sont persuadées que les particuliers terminent avec plus d'économie toutes leurs entreprises.

Cet avantage du bon marché doit être quelquefois compensé par la plus grande solidité et perfection des constructions dont l'État a la direction.

Il ne s'agit pas d'ailleurs de savoir lequel du gouvernement ou des particuliers peut se charger, au prix le moins élevé, de ces travaux, qui, en mettant toutes les terres d'alluvion à l'abri des inondations, donneraient de si excellents et si lucratifs résultats, mais de se rendre compte s'ils peuvent être réellement dirigés par d'autres mains que les siennes.

Il y a certainement des entreprises exceptionnelles que lui seul peut faire, et celle que nous demandons est de ce nombre.

Dans les cas ordinaires, au contraire, les particuliers savent bien mieux tirer parti de leurs fonds que l'État.

Les entrepreneurs sont, j'aime à le croire, de très-bons pères de famille, de parfaits époux, très-regrettés de leurs veuves; ces qualités sont fort estimables, il ne faut cependant pas en déduire que par patriotisme ils ne retirent pas le meilleur parti possible des services qu'ils rendent à la nation qui les emploie.

Leurs opérations se soldent d'ordinaire avec d'assez

jolis bénéfices. Il ne leur répugne pas du tout de gagner cinquante pour cent sur ce qu'ils entreprennent; ce n'est pas leur faute s'ils n'obtiennent pas toujours de tels gains.

L'État dégrève pour un an au moins les terres ou maisons qui ont été dévastées par des inondations, il accorde en outre des secours aux malheureux qu'elles ont ruinés.

Le montant du capital qu'il faudrait pour solder avec ses intérêts toutes les indemnités que le gouvernement distribue en moyenne chaque année, paierait une grande partie des travaux qui forceraient tous nos courants d'eau à fertiliser notre sol.

Il n'aurait qu'à nous accorder en une seule fois l'argent qu'il dépense ainsi tous les ans.

Il lui resterait cependant encore à prêter quelques autres sommes que lui rembourseraient avec intérêt, aux époques désignées, les personnes qui profiteraient de ces avances; ces paiements seraient proportionnés suivant les risques auxquels les immeubles sont exposés, suivant leur importance, et les avantages qu'on devrait en retirer.

De telles estimations ne me paraissent pas présenter plus de difficultés à vaincre que celles dont certains employés du gouvernement s'occupent continuellement.

S'il arrivait que quelques-uns de ces propriétaires et locataires, méconnaissant leurs intérêts, ne voulussent pas contribuer au remboursement de cet emprunt, l'État, il me semble, devrait les y forcer.

Quoiqu'il soit toujours excessivement fâcheux d'avoir à faire emploi de la contrainte, il y a quelques cas, rares heureusement, où il est du devoir de l'autorité d'en user; plus tard on lui en sait gré. Un impôt paraît, il est vrai, toujours peu agréable à solder, mais celui-ci, qui serait transitoire, donnerait par exception à tous les propriétaires des terres inondables et de celles qu'on irriguerait, de si grands avantages qu'il y aurait folie à eux de ne pas s'empresser de rembourser avec reconnaissance une pareille dette.

Ces entreprises procureraient beaucoup de travail aux ouvriers de presque tous les départements.

La partie de l'impôt destinée à solder des travaux qui produiront plus que les intérêts des sommes qu'on y consacrera sera toujours incomparablement celle qui aura été le mieux employée. De telles dépenses augmentent les produits d'un état et sa prospérité ; il fait ainsi un excellent placement de fonds.

L'impôt, au contraire, qui ne sert qu'à agrandir démesurément le luxe, est lourd à supporter ; il trouble l'équilibre qui doit exister entre la production des choses indispensables, utiles, ou seulement agréables.

La grande inégalité du bien-être, ainsi que le reconnaissent la plupart des économistes, tient moins à l'inégale répartition des richesses qu'au défaut d'équilibre entre les deux ordres de production. Le commerce du luxe porté trop loin enrichit quelques familles, mais augmente le nombre des indigents. Un peuple vit dans l'aisance lorsque le salaire s'élève au niveau du prix des choses dont il a un besoin réel; ou bien, ce qui revient au même, quand ce prix s'abaisse au niveau des salaires.

En moyenne, la paie de l'ouvrier est aussi considérable en Angleterre qu'en France, et cependant la population ouvrière a son existence infiniment plus assurée dans notre pays que dans les trois royaumes unis. Tout cela a été dit, écrit, depuis longtemps ; mais il me semble que ce sont des vérités qu'il est bon de rappeler quelquefois. Il est encore essentiel pour qu'un peuple soit heureux, qu'il ne perde pas le sens moral ; beaucoup plus qu'autrefois, on a maintenant le désir effréné de s'enrichir promptement, et n'importe par quels moyens; on va même jusqu'à dire que, pour parvenir à ce but, il est loisible d'employer ceux qui effleurent plus ou moins la délicatesse, l'important étant de savoir faire un bon usage de ses richesses. Au lieu de chercher à combattre ces mauvaises passions on les a surexitées ; il y a dans la grande ville un magnifique temple dont on ne fait pas toujours bon usage ; il a des succursales dans les principales cités ; tous ces édifices sont richement desservis par un nombreux personnel ; les princes de l'agiotage ou leurs délégués, les fréquentent continuellement, la foule s'y précipite croyant qu'elle en sortira les mains pleines d'or ; son ardente et stupide avidité fait la joie de ceux qui l'exploitent.

On y joue souvent avec caution l'abominable jeu de la hausse et de la baisse sur des valeurs fictives, sur des capitaux, des rentes, que la plupart des joueurs ne pourraient pas solder. C'est là qu'on voit le métal si péniblement gagné par tant de familles s'écouler dans les caisses de leurs habiles et puissants adversaires, comme cette lave d'un volcan, qui une fois sortie de son cratère ne peut être détournée de la voie où elle s'est engagée.

Quand serons-nous délivrés de ces funestes jeux, qui ont des suites infiniment plus déplorables que n'en avaient les salons de la roulette et du trente et quarante. La Bourse nuit déjà assez au commerce, à l'agriculture, en attirant presque tous les capitaux de la France, pour qu'il soit permis de lui interdire sérieusement tout jeu fictif. On n'est que trop porté à placer ses fonds sur des titres de chemin de fer ou autres, qui donnent sans embarras un revenu plus que double de celui des terres.

Sans des patronages trop chèrement achetés, les dividendes de ces placements eussent encore été beaucoup plus considérables.

Très-malheureusement, les savants champions du libre-échange complet s'évertuent aussi, depuis longtemps, à nous faire jouer un jeu dont les chances me paraissent devoir être au moins aussi inégalement réparties que celles de la Bourse. Ils mettraient en présence les forts, les puissants, contre les faibles; les uns seraient parfaitement armés, les autres sans armes. Les libres-échangistes se contentent pour le moment du traité que le gouvernement vient de conclure, parce qu'ils sont persuadés, ou du moins espèrent, que dans un avenir prochain pas un seul de nos produits ne sera protégé contre ceux des étrangers.

La nation la plus riche, s'il en était ainsi, ferait promptement tomber les fabriques des autres états. Elle parviendrait facilement à enlever leur numéraire; maîtresse de tous les marchés du monde, elle fixerait arbitrairement des prix très-élevés à tout ce qu'elle seule pourrait fournir; nous serions à sa merci; les rapides progrès que notre industrie a fait sous le régime protecteur démontrent combien il est important de n'y apporter des changements qu'avec la plus grande circonspection. Assurer que l'heure où nous devons rivaliser avec le peuple le plus industriel de l'univers est arrivée, c'est avouer que la protection ne nous a pas rendus par trop rétrogrades.

Non, cent fois non, quoi qu'en disent les illustres partisans de la liberté absolue du commerce, les protectionistes ne pensent ni ne veulent qu'un pays reste toujours stationnaire dans ses rapports commerciaux extérieurs; ils croyent seulement qu'il est de la plus grande importance qu'une nation protège convenablement ses produits tant qu'elle n'est pas positivement certaine de pouvoir les vendre au même prix que d'autres pays livrent les similaires. Ce n'est assurément pas pour être agréables à leurs concurrents que les commerçants anglais désirent si ardemment de voir tous les autres peuples adopter le libre échange.

En ce qui le concerne, le gouvernement anglais n'est pas plus libre-échangiste qu'il n'est disposé à rendre leurs nationalités aux populations qu'il a conquis ou qu'il dit protéger.

Ses droits de douanes lui rapportent plus de quatre cent millions; ceux qu'il a établis dans ses colonies, surtout dans l'Inde, sont excessifs.

Les agriculteurs anglais, dont on a sacrifié les intérêts à ceux des industriels, ne soutiennent tant bien que mal leur nouvelle position qu'en faisant de très-coûteuses améliorations à leurs fermes. Le sol, en Angleterre, appartient à l'aristocratie, ou à de riches propriétaires, à qui il a été possible de supporter d'aussi fortes dépenses; ils ont été obligés d'y introduire des cultures plus productives que celles des céréales; l'humidité constante des terres de ce pays permet d'ailleurs presque partout d'avoir de très-bonnes prairies naturelles, et d'ensemencer des plantes industrielles épuisantes.

J'ai souvent lu qu'avec une mise d'entrée de 1,000 fr. par hectare il sera possible à nos agriculteurs de retirer des bénéfices convenables de leurs terrains; pour qu'il en fût ainsi, il faudrait d'abord en trouver qui pussent ou consentissent à engager des sommes aussi considérables sur leurs exploitations. Il n'y a peut-être pas un seul capitaliste qui voulût placer ses fonds sur de telles améliorations; je ne crois pas non plus qu'on puisse citer également un seul cultivateur français qui, entrant dans une ferme de deux cents hectares, y ait dépensé cent mille francs en achat de matériel, et se soit réservé une pareille somme pour l'améliorer.

Lors même que nous aurions beaucoup d'agriculteurs qui pourraient disposer d'un tel capital, s'il est vrai, comme on l'assure, qu'ils doubleraient ainsi leurs récoltes, par suite, forcément le prix de vente de ces abondants produits diminuerait sensiblement sur tous les marchés.

En déduisant l'intérêt des fonds dépensés, il est probable que les avances de ces fermiers ne leur seraient pas remboursées. Les achats de blés que l'Angleterre est obligée de faire dans les pays étrangers ont été augmentés de plus d'un tiers depuis qu'elle a réduit les droits d'entrée à 80 c.

Pour avoir voulu favoriser, aux dépens des agriculteurs, les commerçants industriels, le nombre de ses pauvres s'est tellement agrandi qu'elle a cru devoir encourager leur émigration.

Sa population, en peu de temps, a diminué de plus de quatre millions ; des disettes ont fait mourir de faim beaucoup d'Irlandais. J'ai entendu souvent affirmer, entre autre une fois dans sa chaire, par un savant professeur très-connu, que l'Irlande avait ainsi perdu plus d'un million de ses habitants.

Le libre-échange a même trompé certaines prévisions des fabricants, qui espéraient que la vente de leurs produits augmenterait dans les pays d'où l'Angleterre tirerait les grains dont elle aurait besoin ; il n'en a rien été. Quoique cette nation soit celle à qui la liberté de commerce convienne le mieux, on en est encore à savoir, à douter si, l'ayant sans restriction, elle lui serait très-avantageuse.

Les Anglais pensaient avec raison que leur sol, ne pouvant produire qu'une partie du blé qu'ils consomment, il se soutiendrait chez eux à un prix à peu près convenable : il s'y vend effectivement toujours un peu plus cher qu'en France. La grande affaire pour eux est d'augmenter sans cesse les débouchés de leur commerce et d'anéantir celui de tous les autres peuples qui voudront bien se laisser leurrer par la propagande libre-échangiste, qu'ils font avec tant d'ardeur. Ils ne reculeront devant aucun sacrifice pour arriver à ce but, devraient-ils même suivre l'exemple de ces compagnies de messageries qui poussaient la galanterie avec des clients, non-seulement jusqu'à les faire voyager gratis, mais encore leur servaient à l'arrivée un excellent repas, toujours sans frais, le tout pour ruiner la concurrence (l'enfoncer).

Les obstacles que met l'Angleterre au percement de l'isthme de Suez, son nouvel établissement à Périm, disent assez comment elle entend la liberté commerciale. Elle a des comptoirs dans presque toutes les parties du globe, son commerce est grand comme le monde ; ses nombreux bâtiments assurent la vente de tout ce qu'elle produit.

N'ayant pas eu à subir de révolution depuis longtemps, il lui a été facile de créer des mécaniques supérieures à celles que nous avons ; pendant que nous améliorons les nôtres, loin de s'endormir sur son succès, continuellement elle perfectionne les siennes. La houille, le fer, abondent sur son sol et s'y vendent infiniment moins cher que dans notre pays.

Les négociants anglais ont sous la main ces minerais et

peuvent en fournir à tout l'univers; ils importent chaque année pour plusieurs milliards de matières brutes, qui, après avoir été façonnées, sont exportées avec des bénéfices considérables; cependant ces marchandises sont livrées à des prix peu élevés. Le crédit de ces habiles industriels est sans limite et les met en position d'établir en grand des usines, des fabriques. Le droit qu'a chaque chef de famille de laisser par testament, à un seul de ses enfants, la plus grande partie de ses biens, met, si cela est nécessaire, obstacle à ce qu'ils soient trop morcelés. Leurs fortunes augmentent toujours, car quels que riches qu'ils deviennent, jamais on ne les voit se retirer des affaires; tous meurent au poste.

A la dernière exposition, un des plus importants fabricants de Manchester prenait l'engagement de nous fournir tous les cotons dont nous aurions besoin, si les nôtres n'étaient protégés que par un droit d'entrée de trente ou quarante pour cent.

Quelle est la nation qui peut prétendre rivaliser avec l'Angleterre, dont la situation, la puissance commerciale, sont vraiment incomparables.

On trouve que les prohibitions sont des monopoles, des priviléges nationaux établis pour protéger les industries indigènes. Lors même qu'il en serait ainsi, évidemment elles n'entravent pas la concurrence sur le marché intérieur. Que serait-ce si elles étaient remplacées par des monopoles étrangers, par de vastes associations privilégiées, ayant (ainsi que le dit si judicieusement M. Protin dans sa très-remarquable brochure) pour patrie l'univers entier.

Le libre-échange a pour but d'organiser le commerce en gros, à l'exclusion du commerce en détail.

Abolir complétement la protection, c'est opprimer les consommateurs, les petits industriels.

La haute aristocratie des capitaux absorbe alors promptement tout le commerce, en faisant l'encombrement et le vide, la hausse ou la baisse, comme cela se pratique souvent à la Bourse.

Les fabricants qui peuvent se procurer les outils les plus perfectionnés, qui ont à leur disposition les fonds les plus considérables sont pour le moins aussi certains de remporter la victoire dans les luttes industrielles, que le général qui commande les plus gros bataillons doit être assuré de finir par vaincre son adversaire sur le champ de bataille.

Alors les commerçants français, qui jouissent même d'une assez grande aisance, ne pourraient jamais parvenir à faire, sans perte, de la concurrence à leurs très-riches compatriotes ni, à plus forte raison, aux manufacturiers anglais.

Plus on expérimente le libre-échange, plus la vie devient chère, difficile.

Il est impossible de ne pas reconnaître que cette organisation enrichit constamment un grand nombre de fabricants anglais, qui deviennent facilement douze à quinze fois millionnaire ; à côté de tant de prospérité se trouve l'extrême misère des travailleurs de ce pays. Chez quel peuple voit-on autant de malheureux qui, à peine vêtus, sous un ciel si inclément, si humide et si froid, soient entassés comme à Londres dans des bouges les plus infects; torturés par des souffrances de toutes sortes, ils y meurent souvent de faim. A Londres, le nombre des pauvres est de un sur dix; à Rome, il y en a un sur quatre-vingts, et il s'y trouve infiniment plus (proportionnellement) de maisons de retraites, d'hôpitaux, que dans la première ville. Chaque commune romaine a un médecin, une pharmacie, qui est à la disposition des malheureux.

Les négociants anglais, ces heureux du siècle, n'ont cependant pas le cœur plus endurci que ceux des autres nations. Beaucoup d'entre eux cherchent à rendre moins dur le sort des ouvriers; mais fatalement ils sont souvent presque forcés de les exploiter, pour pouvoir livrer la marchandise au meilleur marché possible à leurs innombrables clients cosmopolites. Dans un État principalement industriel, il y a de longues intermittences de commandes et, par suite, des crises qui font que le travail continuel ne peut être assuré.

Que devient avec ce système la liberté, l'indépendance du travailleur salarié? il est ainsi véritablement attaché à la glèbe.

Le régime politique de l'Angleterre est depuis longtemps complétement organisé pour le commerce extérieur. En France, la terre est presque entièrement morcelée, l'industrie est également entre les mains d'un grand nombre de personnes : le travail est individuel; il faudrait, pour que nous pussions suivre de loin l'exemple, les traces des Anglais, faire de nous un peuple neuf; nous devrions renoncer spontanément à nos habitudes, à nos positions morales et matérielles. On parle, on s'occupe d'améliorer, de multiplier toutes nos voies de communication : il se passera beaucoup de temps, nous dépenserons beaucoup d'argent avant qu'il nous soit possible de parvenir à atteindre le nombre et la perfection des chemins de fer, des canaux qui circulent, se croisent sur tout le sol de l'Angleterre. Cela fait, nos plus riches négociants ne pourront encore être des rivaux dangereux, sérieux pour ceux de ce pays. L'impatience toute juvénile et passablement déraisonnable des libres-échangistes les porte déjà à trouver mauvais que l'époque à laquelle le nouveau traité doit être exécuté soit retardée d'une année ; un an d'attente, c'est bien long. Tout retard mis au libre-échange est, selon ces messieurs, une calamité des plus désastreuses.

Les protectionistes me semblent être plus dans le vrai lorsqu'ils pensent que pour une nation comme la France, dont le sol est si étendu, il est à souhaiter que le commerce agricol soit au moins aussi prospère que celui de l'industrie.

Malheureusement il s'en faut de beaucoup qu'il en soit ainsi ; la population de la campagne va toujours en diminuant; tout tend à ce que cette diminution continue; lorsque l'État a besoin d'une grande armée, ce sont les communes qui lui fournissent proportionnellement le plus de conscrits, car les hommes s'étiolent, s'amoindrissent rapidement à la ville, et y deviennent promptement impropres au service.

Très-certainement c'est à la campagne que la vie est la plus économique, la plus saine, la moins immorale, la plus tranquille; le travail y est plus assuré, et maintenant surtout, les salaires des travailleurs y sont en moyenne à peu près aussi élevés que dans les cités.

Malgré tous ces avantages, la plupart des ouvriers en bâtiments et d'autres métiers abandonnent leurs communes pour aller s'établir dans les grands centres de population.

Les terrassiers y postulent aussi des emplois de garçons de café, de portier, de commissionnaires, et bientôt ils ne peuvent plus se passer de fêtes, de spectacles, des splendides hôtelleries, guinguettes parisiennes, où on leur sert un petit vin bleu dont la qualité n'est pas irréprochable ; mais ils le boivent en si bruyante et si séduisante compagnie qu'ils le trouvent agréable. Tout cela ne se rencontre pas au village; ils n'y reviennent plus.

L'extrême difficulté avec laquelle on peut se procurer à la campagne des ouvriers, des domestiques, contribue encore à rendre plus difficile la position des cultivateurs. Cette noble carrière est maintenant prise en tel dégoût, que les fils même d'anciennes et honorables familles d'agriculteurs l'abandonnent.

Autrefois les propriétaires de terres et les cultivateurs avaient une grande et salutaire influence dans leurs provinces, dans leurs départements. Pourquoi ne la recouvreraient-ils pas? Plus on donnera d'attrait à ces nobles occupations d'où dépend notre existence, plus la prospérité de la France sera assurée. Des cultivateurs, des laboureurs probes, intelligents, qui font progresser la culture ou lui rendent de grands services, ne méritent-ils pas aussi bien qu'un sous-chef de bureau, un receveur, un maire, etc..., d'être décorés. Ce n'est pas cependant que je pense qu'il faille prodiguer les décorations, car ce qui est donné trop facilement doit perdre de sa valeur.

D'ordinaire on convient que la guerre est toujours désastreuse, non-seulement pour le vaincu, mais encore pour le vainqueur, et qu'elle enlève la partie la plus virile de la population. Les peuples paraissent maintenant, dit-on, moins portés pour les combats et leurs gloires. Celle que nous avons si vaillamment soutenue en Italie pourra cependant encore ne pas être la dernière.

Qui oserait assurer que nous aimant comme des frères, nous et notre postérité nous jouirons désormais d'une parfaite tranquillité, d'une paix perpétuelle. Compter sur un tel avenir ce serait s'illusionner complétement; autant vaudrait croire qu'il sera prochainement possible de se passer de gendarmes, ou qu'on cessera de calomnier les personnes les plus vénérables.

Si la guerre surgissait pendant des années de disette, ne serait-il pas à craindre qu'il nous fût impossible de faire arriver dans nos ports le froment nécessaire à notre consommation.

Quoique MM. les libres-échangistes regardent cette objection comme puérile, elle a sa valeur.

Un si fatal évènement ne serait-il à redouter qu'une fois par quart ou même demi-siècle, qu'il faudrait encore chercher avec empressement à l'éviter, à l'atténuer.

Lorsqu'il s'agit de l'existence de tout un peuple, on ne saurait prendre trop de précautions.

Je crois qu'en pareille position nous ne devrions pas compter assez sur la mansuétude, la générosité, les sentiments fraternels de nos ennemis, pour pouvoir espérer qu'ils laisseraient entrer dans nos villes le pain dont nous aurions besoin, comme le fit le bon Henri IV, aux Parisiens assiégés par son armée.

En admettant que nous ayons toujours la facilité de nous procurer quand nous le voudrons, des contrées étrangères, les grains qui pourront nous être nécessaires, il sera toujours désirable pour une nation qu'elle soit le moins possible contrainte à faire de telles demandes.

M. Thiers disait jadis à la tribune : « Nous ne pouvons guère admettre que notre marine soit l'égale de celle des Anglais ; il est vraiment déplorable que, sous le prétexte de céder à certaines idées libérales, nous ayons la pensée de nous exposer à voir avec le libre échange, le tiers de notre consommation en blé, dépendre de la mer ; je dis que nous ne serions que des enfants ou des fous si nous en agissions ainsi. »

Il est certain que le régime de la liberté complète du commerce forcerait une grande partie de nos cultivateurs, qui font déjà assez mal leurs affaires, à délaisser la culture des céréales ; afin de tirer quelque parti de leurs terres, ils les mettraient presque toutes en pâtures, et cultiveraient, autant que possible, les meilleures en plantes industrielles.

L'échelle mobile est ce que l'on a trouvé de mieux pour ne compromettre ni les intérêts des consommateurs, ni ceux des producteurs.

Elle met obstacle à une trop forte élévation du prix des grains et à leur trop grande dépréciation.

Le gouvernement a ainsi l'avantage de recevoir d'importants droits d'entrées qui, sauf de rares exceptions, lui évitent en outre ces coûteux achats qui font sortir du pays des centaines de millions qu'on n'y voit plus revenir. La marchandise augmentant en proportion de la demande, il arriverait avec le libre-échange, que nous serions obligés, pendant les années de disette, d'acheter à des prix très-élevés les grains qui nous seraient alors nécessaires. Ceux de Riga, d'Odessa se vendent habituellement sur place de 8 à 9 fr. l'hectolitre.

Il y a dans l'Ukraine une plaine de cent mille hectares où on le livre à 4 fr. Cette contrée est d'une fertilité supérieure à celle de la Limagne ; les cultivateurs ne fument jamais leurs terres, ils ne les labourent qu'avec des charrues primitives qui effleurent à peine ce terreau dont le fond est inépuisable.

Le matériel d'exploitation d'une ferme de six à huit

mille hectares ne peut être estimé plus de deux à trois cent francs; la semence ne rend que quatre pour un, son rapport devrait être au moins cinq fois plus grand.

Le prix du sol et de la main-d'œuvre sont très-peu élevé en Russie, les transports s'y font avec une économie sans pareille, souvent même sans frais ; le serf ou paysan, arrivé à son but de voyage, vend avantageusement les bœufs et le grossier chariot, à essieu et à roues entièrement de bois, qui contenait son blé; plus que sobre, il vit avec ses galettes de froment.

Lorsque le sol de la Russie sera plus peuplé, un peu mieux cultivé, son commerce de grains à l'extérieur pourra être quintuplé. Ils seront ainsi vendus, en temps ordinaire, à un prix encore moindre que celui auquel les Russes le livrent actuellement ; ceux d'Amérique se vendent de 9 à 12 francs ; le sol vierge de ce pays, qui est si fertile, se donne plutôt qu'il ne s'achète. Les Américains laisseront leurs grains encore à meilleur compte quand la population sera mieux répartie, et la culture faite avec plus de soin. Dans les terres éloignées des grands centres de civilisation, le planteur ne prend pas la peine de déraciner les bois des forêts qu'il défriche, il les coupe à quelques pieds du sol, et se contente de faire sans fumage ses labours au milieu de ces troncs d'arbre. Lorsque son terrain est épuisé, il l'abandonne pour aller recommencer la même opération sur un autre, qui probablement n'aura jamais été cultivé. Quoique la main-d'œuvre diminue sensiblement aux États-Unis chaque année, elle se paie encore assez cher, mais le patron sait se rattraper sur toutes les fournitures qu'il fait à ses colons ; il tient à ce que ses subordonnés soient bien nourris, très-confortablement habillés, son humanité lui est profitable ; il la fait payer cher; s'il trouve un pionnier qui veuille acheter son établissement nomade avant qu'il l'ait entièrement usé, il le lui cède à prix débattu, peu élevé, et se transporte plus loin pour recommencer avec sa famille et ses ouvriers les mêmes travaux.

La population américaine, malgré sa rapide augmentation, n'est encore que de vingt-trois ou vingt-cinq millions, et les États-Unis pourraient nourrir trois ou quatre cent millions d'hommes. Il nous est impossible de lutter contre de tels avantages avec les agriculteurs russes ou américains ; ils ont encore sur nous celui de ne payer que très-peu d'impôts pour leurs terres. Il y a au reste beaucoup d'autres nations qui sont dans ce cas.

Les propriétés territoriales du royaume des Deux-Siciles, de l'État Romain, des trois duchés italiens, de l'Espagne, de la plus grande partie de l'Allemagne et même encore du Piémont, sont également peu imposées. L'impôt spécial du sol en Angleterre (la taxe des pauvres non comprise) n'est que d'un quarante-huitième du budget ; chez nous il a pour base le sixième ou le septième du rapport de la terre, et produit au gouvernement quatre cent cinquante millions au moins.

En Algérie, le travail des indigènes est infiniment moins coûteux que celui de nos ouvriers ; les terrains se vendent moins cher qu'en France, et les impositions sont modérées.

Messieurs les libres-échangistes se sont trompés en prenant pour point de comparaison la valeur du blé en 1859 chez les nations qui peuvent le produire au meilleur compte. En 1858 nos récoltes étaient abondantes, tandis que cette année là, celles de l'Amérique, de la Russie, de l'Algérie, de l'Espagne, des Deux-Siciles, de l'Égypte, ont été mauvaises.

Très-exceptionnellement, nous avons pu faire à cette époque quelques exportations dans plusieurs de ces pays.

L'état d'incertitude où sont actuellement nos agriculteurs sur leur avenir est fâcheux.

Les fonds engagés dans la culture ne donnent pas des résultats aussi prompts que ceux qu'on place sur des opérations industrielles.

Pour augmenter des terres, il faut être certain de pouvoir profiter des améliorations toujours fort onéreuses qu'on se décide à y entreprendre ; c'est ce qui fait que les commerçants qui veulent s'occuper d'agriculture sont de parfaits comptables, mais deviennent rarement de bons cultivateurs ; ayant été accoutumés à toucher les intérêts de leurs mises de fonds par trimestre ou semestre, ils ne peuvent se résoudre à faire des placements qui doivent rester longtemps improductifs.

Ils se trompent lorsqu'ils pensent qu'ils se reposeront en s'occupant de culture.

Notre agriculture serait promptement, entièrement ruinée si le libre-échange n'était pas permanent, complet ; et cependant, dans les années de disette, le gouvernement s'empressera toujours de suspendre pour un temps plus ou moins long la libre sortie des grains. Il devrait être permis au cultivateur d'ensemencer son champ comme il l'entendrait ; même en tabac.

On dirait qu'il est indispensable de lui interdire tout ce qui peut lui être le plus avantageux. L'impôt établi sur le sirop de betterave est tellement exorbitant, qu'il équivaut presque à une prohibition. Il serait à souhaiter qu'il fût toujours inférieur aux droits d'entrées payés par le sucre des colonies.

La culture de la betterave ne saurait être trop encouragée, sa pulpe servant, et forçant même l'agriculteur à engraisser un grand nombre de bestiaux. Notre sucre indigène a été fortement imposé pour favoriser nos petites colonies qui peuvent produire d'excellent café.

En permettant aux colons, comme ils le demandent, de livrer leur sucre à qui ils voudraient, par des bâtiments français; ils n'auraient pas ainsi à se plaindre de la métropole, et préféreraient même cette position à celle qui leur a été faite.

Les créoles sont peu satisfaits d'être obligés de vendre leur sucre brut, afin de mettre quelques raffineurs français en position de faire des bénéfices considérables et pour donner aussi à des capitaines aux longs-cours la faculté d'encombrer facilement leurs navires.

La libre entrée des instruments, des mécaniques dont l'agriculture a plus besoin que jamais depuis qu'elle manque de bras, lui serait utile présentement; mais elle porterait de grands préjudices à toutes nos forges, nos usines métallurgiques. La plupart des fabriques françaises, ne pouvant soutenir la concurrence étrangère, cesseraient probablement de marcher si elles n'étaient pas protégées.

Il est certain qu'avec le libre-échange complet, nous finirions par payer plus cher que maintenant à peu près tout ce qui nous est le plus utile, et nous deviendrions bientôt une pauvre nation ; consommateurs et producteurs se trouveraient fort mal de ce régime.

Nos très-illustres contradicteurs prétendent que l'échelle mobile rend très-difficile la spéculation des blés, en augmentant outre mesure l'écart de leurs prix.

Il me semble que la hausse et la baisse sont dues principalement au plus ou moins d'offres qui en sont faites sur les marchés extérieurs et intérieurs.

L'échelle mobile ne peut avoir qu'une influence modératrice sur les grandes fluctuations qu'on lui attribue à tort.

Les droits d'entrées peuvent être évités, puisqu'il est facile de mettre en transit les grains achetés. Les frais occasionnés par cette opération sont peu élevés; si le spéculateur a été prudent il n'aura que de légères pertes à supporter; lorsqu'il en fait de grandes, c'est qu'il n'a pas bien jugé les positions où se trouvaient les producteurs.

Les prix du blé seront toujours d'ailleurs, quoi qu'on fasse, plus mobiles que ceux des matières industrielles, qui, ordinairement, peuvent être fixés ou à peu près par avance.

Un seul des nombreux sinistres dont sont sans cesse menacés les cultivateurs peut détruire en un moment toutes leurs récoltes. Ils ont à redouter la gelée, la grêle, les grandes pluies, les insectes, les orages, les inondations, les sécheresses, l'incendie, etc..... Plus que d'autres, ce commerce doit donc avoir des chances de gain et ses risques.

Il doit être très-lucratif, puisqu'il y a beaucoup de personnes qui s'en occupent et s'y enrichissent.

C'est se moquer des agriculteurs que de vouloir leur faire croire qu'ils vendraient, aʌec le libre-échange, beaucoup plus facilement leurs grains à l'étranger, lorsque les prix en seraient très-bas; cette vente sera toujours, difficile.

De ces faits, on doit, il me semble, déduire que l'échelle mobile ne gêne aucunement les négociants sérieux qui ne font pas de ce commerce un agio fictif. Elle permet même d'établir des tableaux régulateurs, qui indiquent les variations de cette denrée et montrent la tendance qu'elle a à monter ou baisser.

En 1830 et 1831, ce sont les suites de la révolution, les émeutes, la crainte de la guerre, qui ont nui aux transactions commerciales du blé.

En 1846 et 1847, les circulaires ministérielles rassurèrent beaucoup trop le public sur les récoltes, qui étaient plus que médiocres; ces assurances arrêtèrent les demandes des négociants.

Lorsque le décret de suspension fut promulgué en 1853, les droits avaient cessé d'être perçus sur la moitié des frontières, et, quelques semaines après, il en eût été de même pour toutes les autres.

L'échelle mobile n'a donc pu alors mettre obstacle aux acquisitions de grains.

Les ordres peuvent, maintenant, être transmis avec la rapidité de la pensée; il nous est possible d'avoir, aussi promptement qu'on peut le désirer, des données générales sur les récoltes les plus éloignées du globe. En quelques jours les achats sont exécutés.

Le reproche, mal fondé au reste, même autrefois, qu'on faisait à l'échelle mobile de tenir le commerce dans l'incertitude, ne peut plus maintenant lui être raisonnablement adressé.

Le commerçant, comme l'a dit M. Darblay, est fort exigeant, et son champ est cependant d'une culture infiniment plus facile et lucrative que celle du laboureur.

Le commerce se plaindrait bientôt du droit fixe, il s'empresserait d'en demander la suspension et probablement la suppression, dès que le prix du blé s'élèverait à l'intérieur; il lui paraîtrait une entrave beaucoup plus grande que l'échelle mobile.

Les ventes de blé étant très-variables, de toutes les

protections, l'échelle mobile est celle qui est la plus avantageuse aux consommateurs comme aux producteurs.

Malheureusement, lorsque l'on s'occupe des agriculteurs, c'est souvent pour aggraver leur position.

Il y a beaucoup de personnes qui ont une fâcheuse disposition à considérer les intérêts de l'agriculture comme étant opposés à ceux de la consommation ; ils sont cependant intimement liés ; lorsque les uns sont en souffrance, les autres ne tardent pas à partager le même sort.

Le trop bon marché du blé, infailliblement amène la disette ; quand son prix ne paie pas les frais de sa culture, le laboureur néglige ses terres ; de là il résulte que, les années suivantes, il a des récoltes très-médiocres.

Les campagnes sont un vaste et lucratif débouché pour toutes nos fabriques, et notre commerce intérieur est incomparablement plus considérable que celui de l'extérieur.

Lors même qu'on accorderait aux cultivateurs, comme fiche de consolation, et aussi pour les préparer à subir l'abolition des droits d'entrée, un tarif de protection pendant quelques années, aussitôt qu'il serait retiré, les industriels n'auraient plus à compter longtemps sur ce débouché, car l'agriculture serait près de sa perte. Que Dieu nous préserve d'un pareil cadeau.

Les intérêts des vingt millions d'hommes qui vivent du travail agricole doivent avant tout être sauvegardés.

Il me paraît évident que le libre-échange n'est réalisable qu'entre sociétés dont les situations sont égales.

Comme c'est le contraire qui existe, il ne peut donc donner que de détestables résultats.

Pour une nation qu'il enrichira, cent autres en seront dupes.

A l'époque des campagnes de Louis XIV, qui luttait alors contre toute l'Europe, le gouvernement anglais voulut lui imposer, comme principale condition de la paix, qu'il établirait dans son royaume la liberté complète du commerce ; ce grand roi avait un vif désir de voir cesser la guerre, et cependant il ne voulut pas accéder à cette demande.

Si ce prince, qui, sans être économiste, libre-échangiste, n'en avait pas moins sa valeur, eût eu la faiblesse de faire cette concession, j'ose demander aux partisans de la complète abolition des douanes ce que serait devenu notre commerce.

Le gouvernement anglais aurait maintenant avec nous la parole haute que nous savons qu'il a quand il exploite les faibles.

Toutes les nations chez qui l'Angleterre introduit le plus de ses produits industriels n'ont ni commerce ni fabriques.

Il est donc assez naturel que nous ne soyons pas sans avoir quelques inquiétudes sur le résultat des transactions commerciales qui viennent d'être contractées avec nos chers alliés.

Ces craintes sont peut-être d'autant plus fondées, qu'en bons voisins, ils ont bien voulu déjà nous donner le sage conseil de ne pas trop nous illusionner sur les avantages que nous espérons retirer de ce traité.

La réduction de prix d'entrée sur nos vins paraît devoir être la plus favorable de celles qui nous sont accordées ; nos nouveaux clients, très-probablement, ne renonceront cependant pas aux liqueurs fortes, aux bières qu'ils peuvent se procurer chez eux à fort bon compte ;

leurs palais, assez peu délicats, y sont habitués depuis trop longtemps pour qu'il en soit autrement. Quelque considérable que puisse être cette diminution de douane, elle n'aura qu'une influence presque insensible sur les commandes de l'aristocratie et des classes aisées. Le prix d'entrée de nos vins reste, d'ailleurs, fixé à un taux encore fort élevé ; il sera, je crois, de 94 fr. par pièce de 250 litres.

Il est malheureusement probable que la libre entrée des laines, surtout pour celles qui sont de moyenne qualité, sera infiniment plus désavantageuse à nos agriculteurs qu'elle ne deviendra propice à nos fabricants de draps et d'étoffes, qui ne parviendront que difficilement à pouvoir lutter avec leurs rivaux insulaires. Déjà l'élevage des moutons communs, et même des mérinos, n'est pas rémunérateur des frais qu'il occasionne ; beaucoup de cultivateurs y ont renoncé ; nous sommes, je pense, la nation qui a le moins de ces troupeaux ; si leur fumier ne produisait pas un grand et salutaire effet sur les récoltes, le nombre de ceux qui en élèvent serait encore infiniment plus réduit.

L'adoption de ce traité a peut-être été un peu prompte ; il est toujours si difficile de se rendre compte des résultats que peuvent avoir pour un peuple de pareilles modifications douanières.

Je sais qu'après de pénibles, mais fructueuses recherches, on croit être parvenu à découvrir que les premiers protectionnistes ont eu pour but de s'isoler des États romains, de se soustraire au despotisme intolérable de ce rétrograde gouvernement ; ils se seraient imposés les plus grands sacrifices, afin d'obtenir cet avantage. Si l'on eût trouvé ou plutôt pensé à trouver que c'était la théocratie qui avait inventé la protection, oh! alors, nos très-illustres contradicteurs n'auraient pas manqué de nous dire qu'un tel patronage, plus que compromettant, était la condamnation du régime protectionniste. Selon quelques-uns de ces messieurs, la théocratie a pour spécialité de toujours mal faire.

Que diraient-ils d'un protectionniste qui affirmerait qu'un musulman, un quaker, un ancien disciple de Fourier ou de Saint-Simon ne peuvent jamais avoir le jugement sain.

Franchement, si certains libres-échangistes ont en haine la théocratie, ils sont de plus assez peu aimables (eux qui peuvent l'être si facilement) pour les personnes qui ne croient pas à l'infaillibilité de la doctrine du laisser-aller.

Tout homme qui ne partage pas entièrement leur opinion, par cela seul est ignare, routinier, absurde.

Les intentions des zélés partisans de la liberté complète du commerce sont probablement excellentes, ayant pleine confiance en eux, tout naturellement ils sont persuadés qu'ils ne peuvent se tromper et que leur idée de prédilection est la meilleure de toutes celles que, depuis longtemps, on a émises. Défions-nous cependant des théories absolues, lors même qu'elles sont soutenues avec tant d'éloquence.

Il ne me paraît pas encore bien prouvé qu'il faille avoir l'esprit fort mal tourné pour ne pas découvrir de suite tout ce que ces deux mots : libre-échange, si simples en apparence, contiennent de science et de bonheur.

Il n'est pas inutile, je crois, de mettre en regard des belles, des douces paroles que les doctes et grands penseurs, libres-échangistes, veulent bien prodiguer aux agriculteurs, l'avenir qui leur est préparé par le merveilleux symbole du laisser-aller.

Plusieurs libres-échangistes de renom ont déclarés (sans être contredit par les adeptes de la scientifique doctrine), qu'il serait désirable que la France se procurât, en pays étranger du blé à un prix moins élevé que celui auquel nos cultivateurs peuvent le livrer sans y perdre.

Nos illustres adversaires proclament que le libre-échange complet étant un principe de premier ordre, on ne saurait s'imposer trop de sacrifices pour le faire prévaloir : périsse une nation plutôt que de renoncer à leur incomparable doctrine.

Il est vraiment déplorable que tant de dévouement, de désintéressement soient employés à soutenir un faux principe.

Les Maures, les Arabes, les sauvages, sans être de très-remarquables savants, pratiquent en grand le libre-échange.

On ne s'aperçoit pas, cependant, que leurs institutions, leurs usages, leurs mœurs, leur bonheur matériel, aient beaucoup progressés.

Un grand nombre de libres-échangistes semblent tenir à faire quand même de la poésie excentrique, échevelée, sur tout ce qui touche à nos intérêts matériels.

Beaucoup plus aventureux encore que poëtes, ils songent constamment à rédiger des réformes radicales sur l'industrie, sur l'administration gouvernementale.

Selon ces messieurs, le monde entier (l'Angleterre exceptée) a jusqu'à ce jour vécu, pataugé dans l'ignorance la plus crasse, la routine la plus arriérée.

En avant! coûte que coûte; tout est à refaire, et le

plus promptement possible. En avant! changeons tout le système des impositions.

Les hommes intelligents ne doivent faire aucun cas de la pitoyable opinion des protectionnistes, bornes et bornés, qui, ne sachant pas marcher avec leur époque, osent dire que de pareils changements peuvent avoir de fâcheux résultats.

De nouveaux impôts paraissent cependant toujours plus lourds à supporter que ceux qu'on a l'habitude de solder.

S'il advenait que les trop zélés partisans du laisser-aller devinssent les chefs de l'administration, ils voudraient nous doter au plus vite de l'impôt sur le revenu, qui irait toujours *crescendo*.

Il aurait bientôt fait son temps ; l'impôt progressif ne tarderait pas à lui succéder, et serait aussi, dans un avenir peu éloigné, remplacé par le socialisme, d'abord adouci, puis complet.

Lorsqu'on est en veine d'innovation, de destruction, il est à peu près impossible de s'arrêter.

Le socialisme, cette limite dite tutélaire, éclairée, humanitaire, rationnelle du progrès, une fois établie, le chaos financier ne tarderait pas à se faire.

Comme aux mauvaises époques, on chercherait à obtenir un semblant d'ordre avec du désordre ; le gouvernement s'emparerait des débris de nos fortunes, qu'on joindrait à ceux du domaine de l'État ; voilà le sort que se préparent les nations qui se laissent imposer, par une minorité turbulente, quelquefois factieuse, de fatales entreprises.

L'institution de la curie romaine eut aussi pour résultat d'abolir entièrement la propriété individuelle.

Les citoyens romains ou vassaux de la grande nation

qui possédaient au moins vingt-cinq arpents de terre, en faisaient forcément partie. Ils choisissaient entre eux des collecteurs, qui avaient charge de recevoir les taxes auxquelles étaient imposées leurs communes; tous les membres de la curie restaient responsables de ces impôts, lors même qu'il avait été impossible à leurs délégués d'en toucher le montant.

Comme on finit par demander aux contribuables plus qu'il ne leur était possible de donner, le nombre des personnes qui offraient la responsabilité voulue diminuait d'année en année.

Afin de remédier à ce déficit, le cens, la quantité de bien nécessaire pour avoir l'honneur peu enviable d'être curial, fut abaissée. Les malheureux propriétaires, traqués, poursuivis, parce qu'ils ne pouvaient verser dans le trésor du maître les sommes qu'on exigeait d'eux, abandonnèrent leurs terres, laissant ce triste héritage au souverain qui, à son tour, ne put contenter la multitude; ses grands officiers, ses armées, ne recevant plus régulièrement leur solde, vécurent de pillage; cette horrible anarchie fit surgir des révolutions dans l'empire, qui fut envahi de tous côtés par les Barbares.

Tel sera toujours, dans un temps donné, plus ou moins rapproché, la suite d'un système financier qui fera peser toutes les dépenses de l'État presque uniquement sur une partie de la population ; quelque riche qu'elle puisse être, on l'appauvrira ainsi rapidement. Un budget ne peut avoir de grands et solides résultats que quand chaque individu y contribue proportionnellement à sa position.

On sait ce que deviennent les peuples dont le chef ou les hommes au pouvoir disposent sans appel, sans frein, de toutes les valeurs du pays où ils commandent.

L'agriculture est entièrement délaissée, et le commerce arrêté et ruiné; jamais l'homme ne travaillera avec autant d'entrain pour un prince, pour la société, que pour lui et sa famille.

Si l'on enlève à un propriétaire le surplus ou seulement la plus grande partie de son revenu, qui dépassera une limite désignée d'avance; si vous privez ses enfants de leurs droits d'héritage, il ne s'occupera de son bien qu'avec la plus grande indifférence; quel avantage aurait-il à l'améliorer, à l'entretenir convenablement, ne pouvant, ni lui, ni les siens, jouir de la plus-value qu'il s'efforcerait de donner à sa propriété, dont sa famille doit être dépouillée. Il en sera de même pour l'avocat, l'artiste, le fermier; si on leur ôte la jouissance des bénéfices, qui auront également dépassé un maximum indiqué, très-certainement ils ne chercheront pas à les augmenter.

Des fabricants, voyant à regret un assez grand nombre d'ouvriers qui, à la tâche, ne gagnaient, proportionnellement à d'autres plus habiles, que peu d'argent, voulurent équilibrer les gains de tous les employés; ils établirent un prix commun et fixe : ce changement effectué, les plus intelligents s'empressèrent de ne pas mieux travailler que les camarades qui étaient moins adroits.

Ces manufacturiers bien intentionnés furent obligés de renoncer promptement à cette innovation, se promettant de ne donner désormais aux travailleurs que des salaires proportionnés à leur capacité.

Pour peu qu'on augmentât encore les impositions foncières, et surtout celles attachées aux terres, presque tous ceux qui les possèdent seraient promptement ruinés; ils auraient ainsi, par compensation, il est vrai, l'avantage d'être à l'abri des jaloux et des partageurs.

Les propriétaires de biens territoriaux sont aussi les *patito,* les victimes privilégiées des faiseurs de drames révolutionnaires ; ils paient les frais de ces tristes et fatales représentations.

Si les cultivateurs ne réussissent que rarement, je ne dis pas à faire fortune (cela ne les regarde pas), mais à donner quelque aisance à leur famille, il est certain que ce n'est pas la vie molle et luxueuse qu'ils mènent qui les empêche d'atteindre plus souvent ce modeste but.

A-t-on jamais vu l'un d'eux, après s'être adonné pendant trente ou quarante ans aux travaux les plus pénibles, où les mains et la tête sont en action, amasser la vingtième partie de l'or qu'un grand nombre d'industriels et surtout de spéculateurs gagnent si facilement en quelques années.

L'ambition des agriculteurs est des plus modérées, et ce ne sont pas eux qui auront même la pensée d'exiger du gouvernement l'assurance d'un minimun d'intérêt de l'argent et du travail qu'ils consacrent à la culture.

Il faut qu'ils soient très-malheureux pour se résoudre à demander des secours à l'État. Une des choses qu'ils désirent le plus, c'est d'être assurés convenablement contre les sinistres dont ils sont si souvent menacés.

Il serait fâcheux que l'État devînt l'administrateur de nos fortunes, de toutes nos affaires, de tous nos travaux ; s'il en était ainsi, nous serions assujettis à un régime de socialisme gouvernemental, qui n'aurait rien de doux, de civilisateur. Il nous ferait reculer jusqu'à ces temps de barbarie où l'homme, le sol, toutes les propriétés, étaient la matière des souverains ou des princes ses vassaux. Nous serions maintenus au déplorable niveau de ces peuples de l'Orient, qui appartiennent encore corps et biens à leurs chefs. Le gouvernement doit cependant entreprendre ce qu'il peut mieux faire et à des prix moins élevés que les particuliers.

La garantie de l'État sera toujours plus sûre, plus économique que celles qu'offriront toutes les sociétés d'assurances, lors même qu'on parviendrait à les réunir. La clientèle de ces sociétés ne pourra jamais être aussi nombreuse que celle qu'il est possible au gouvernement de se procurer.

La compagnie qui a le plus d'abonnés s'enrichit promptement ; elle voit ses actions quadrupler, sextupler de valeur sur les prix d'émission. Si l'État augmentait un peu les appointements de MM. ses receveurs et percepteurs, ils se chargeraient volontiers de faire les recettes et paiements des assurances.

Ses frais d'administration atteindraient à peine le tiers de ceux que les sociétés particulières sont obligées de solder ; chacune d'elles est forcée d'avoir pour la représenter, un grand nombre d'inspecteurs, un receveur et un caissier, dans tous les chefs-lieux de canton, d'arrondissement, de département. Sans augmenter ses charges, le gouvernement améliorerait ainsi le sort de beaucoup d'employés.

Lors même, ce qui est improbable, qu'il tiendrait à faire autant de bénéfices que les sociétés d'assurances à primes, il atteindrait encore ce but, tout en réduisant les prix d'abonnements.

Quand il déposséderait avec indemnités les actionnaires des compagnies d'assurances, on connaîtrait, en déduisant de leurs demandes ce qu'elles auraient d'exorbitant, tout ce que ces exploitations rapportent.

Il arrive souvent que les sociétés mutuelles, et même quelquefois à primes, agissant sur des étendues trop res-

4

treintes de terrains, ne peuvent payer tous les sinistres qui s'y sont multipliés. Je ne pense pas qu'on ait établi des assurances contre la gelée; celles contre la grêle sont excessivement coûteuses, et les abonnés ne reçoivent quelquefois qu'une faible partie du montant de leurs pertes, reconnues par expertise.

Il s'est, je crois, dernièrement, formé une société mutuelle contre les inondations. Pour qu'elle puisse avoir de passables résultats, il faut que cette opération soit faite très en grand, sur de vastes et nombreuses contrées, autrement elle laissera beaucoup à désirer.

Les pertes provenant d'inondations ont été estimées pour chaque année à 12 millions; portons-les à 15 millions; le gouvernement, en demandant aux intéressés proportionnellement à leurs risques (jusqu'à ce que les travaux protecteurs contre les débordements soient terminés), des prix d'abonnement dont le total égalerait ce dernier chiffre, pourrait, sans avoir rien à dépenser, solder toutes les indemnités qu'il devrait aux inondés.

Il prélèverait, en dehors de cette estimation, la somme qu'il jugerait convenable pour payer les frais d'administration.

S'il voulait avoir encore la certitude plus complète que les paiements de ces indemnités ne dépasseront jamais en moyenne 15 millions, qu'il déclare que les sinistres qui n'atteindront pas un vingtième de l'abonnement ne seront pas remboursés. On peut supporter une telle perte sur son mobilier, ses récoltes, sa maison; celui qui perd en entier une de ces valeurs est le plus souvent ruiné; ce sont ces petits sinistres qui par leur nombre augmentent le plus les frais de l'assureur.

Il serait également facile de régler l'assurance contre la

mortalité des bestiaux, de manière à ce qu'elle ne fût jamais une charge pour l'État. Il mettrait dans sa police qu'il ne devrait aucune indemnité au propriétaire des animaux qui les aurait perdus par sa faute.

Des vétérinaires patentés, chargés de les visiter, constateraient s'ils ont manqué de soins.

Comme pour les inondations, l'abonné ne devrait être indemnisé de ses pertes que lorsqu'elles s'élèveraient à un vingtième de son assurance.

En établissant une caisse spéciale pour cette administration, le gouvernement n'aurait aucun intérêt à faire surgir de ces assurances de nouveaux impôts. On a objecté contre les engagements qu'il prendrait ainsi (car, que n'a-t-on pas dit pour le détourner d'améliorer le sort des cultivateurs), qu'en substituant son action à celle de ces derniers, il leur enlèverait toute énergie.

La misère est cependant un triste stimulant.

Peut être ne décourage-t-elle pas quelques hommes doués d'une forte organisation, hors ligne ; quelques poëtes ou artistes ; mais ces très-rares exceptions ne peuvent être données comme règle.

Rien n'est moins encourageant pour nos malheureux agriculteurs que de voir périodiquement les récoltes de ces champs, qu'ils ont si souvent humectés de leurs sueurs, détruites par la grêle et les inondations.

Soyez convaincus que le cultivateur qui sera certain de recueillir ce que ses semences auront produit, de conserver la valeur de ses bestiaux, ne se tiendra pas pour cela les bras croisés devant sa charrue ; il saura toujours utiliser ses journées aussi bien que les personnes qui emploient le mieux leur temps ; mieux peut-être que ceux qui doutent de son énergie dans la prospérité.

Ne craignez pas d'adoucir le sort des propriétaires de terres, de rendre moins difficile la position des laboureurs; ils trouveront sans cesse encore trop d'épines, de ronces, de plantes parasites mêlées à leurs récoltes.

Il a été émis une fâcheuse pensée, lorsqu'en repoussant l'offre faite par l'État, de prendre pour son compte les assurances contre les inondations, on a dit que l'opération serait mauvaise, puis qu'aucune compagnie n'avait voulu contracter un tel engagement. Quand même cette assurance lui occasionnerait quelques frais, il ne ferait pas une fausse spéculation en secourant les familles qui ont à supporter de telles calamités et dont les malheurs doivent l'intéresser.

La gouvernement rendrait encore un grand service à l'agriculture, s'il proposait aux chambres législatives de diminuer les droits de mutation des biens fonciers. Les propriétés territoriales sont arrivées à cet état de torpeur qui n'est ni la vie ni la mort; ce n'est plus que par un reste d'habitude qu'on leur accorde quelque valeur.

En réduisant au moins de la moitié cet impôt, qui est si excessif, si lourd, on restituerait par cela seul au sol à peu près le crédit qu'il avait jadis.

L'État n'aurait qu'à gagner à faire cette concession, car les transactions de vente des terres ne tarderaient pas dans ce cas à être plus que triplées. Les droits de succession sont également tellement considérables, qu'un socialiste accepterait ce mode de répartition d'impositions.

Ce sont encore les propriétaires du sol qui ont presque exclusivement à supporter cet impôt si onéreux. Le capitaliste peut facilement l'éluder en donnant de la main à la main ou par sous-seing privé à ses héritiers, toutes les valeurs mobilières qu'il possède.

Dans les États du pape, il est de deux et demi pour cent pour une succession collatérale. Il était de cinq pour cent en Autriche; ce gouvernement l'a diminué. Les agriculteurs demandent aussi qu'il soit fait des modifications au Code rural, dont quelques articles sont trop sévères pour que les juges se décident à les mettre à exécution, tandis qu'il en contient d'autres qui ne punissent pas assez certains délits.

Il manque aux gardes-champêtres une organisation qui puisse les contraindre à remplir leurs devoirs; la plupart d'entre eux, âgés ou infirmes, ne peuvent, même le voudraient-ils, faire un bon service; ceux qui sont valides tiennent avant tout à vivre tranquilles; craignant de se créer des ennemis, ils font des promenades de santé; rarement ils verbalisent contre les délinquants, qui cependant sont nombreux et mettent le plus grand zèle à prendre le bien d'autrui.

Malheureusement il est presque reçu que tous les fruits (quelque valeur qu'ils puissent avoir) des arbres qui n'ont pas été plantés dans un enclos, entouré de murs, sont à la disposition du public; des maraudeurs, loin d'avoir la pensée de les partager avec ceux à qui ils appartiennent, les enlèvent, avant leur maturité, en aussi peu de temps qu'un certain ministre, fort connu, pouvait escamoter, disait-il, un gouvernement régulièrement établi.

Pour engager les gardes-champêtres à surveiller convenablement les propriétés, on devrait leur donner une retraite et la plus forte part des amendes; il serait rationnel qu'ils fussent sous la dépendance des propriétaires qui les paient, et qui sont seuls intéressés à ce que le territoire de la commune soit, autant que possible, garanti de toute malversation. Enfin les cultivateurs se trouveraient heureux de pouvoir joindre des travaux industriels aux occupations ordinaires qui, à la campagne, manquent pendant la mauvaise saison, les journées pluvieuses et les longues soirées d'hiver.

Autrefois les femmes filaient le lin, le chanvre de leurs champs; depuis qu'on a construit un grand nombre d'établissements de filatures, ce produit est tellement minime qu'elles ont dû renoncer aux quenouilles, aux rouets centenaires.

L'apprêt de la soie, la fabrication du sucre, de la dentelle, de chapeaux de paille, celle de petits objets de luxe et usuels en bois, etc... pourraient les occuper ainsi que leurs familles. Après un peu d'apprentissage elles parviendraient, sans aucun doute, à faire aussi bien que les bergers suisses presque toutes les pièces principales des montres et des horloges.

En donnant à confectionner au domicile des travailleurs tout ce qui leur est possible de produire ainsi, on diminuerait ces agglomérations d'ouvriers qui, sans distinction de sexe ni d'âge, sont entassés dans les salles de travail des fabriques; ils s'y corrompent, le plus souvent, physiquement et moralement.

L'éducation de famille est incomparablement la meilleure. Il est rare qu'un père, qu'une mère soient assez dépravés pour donner de pernicieux conseils, de mauvais exemples à leurs enfants; quand les parents font mal, ils se cachent.

L'éducation morale et religieuse peut seule dompter cette odieuse cupidité qui pousse un grand nombre de commerçants, même de la campagne, à frauder leurs produits, et jusqu'aux denrées alimentaires.

Ces trafiquants déhontés trompent, autant que possible, leurs compatriotes, vendent très-cher les marchandises les plus défectueuses aux étrangers, aux populations qu'ils osent traiter de barbares. Après avoir fait des dupes, ils finissent par l'être eux-mêmes de leur perversité ; les victimes qu'ils ont volées ne veulent plus avoir de relations avec ces flibustiers industriels. Lorsque l'homme n'a point de principes, il s'écarte facilement de la bonne voie.

FIN.

www.ingramcontent.com/pod-product-compliance
Ingram Content Group UK Ltd.
Pitfield, Milton Keynes, MK11 3LW, UK
UKHW021655260726
13994UKWH00003B/1470